蓬松柔软的奶油蛋糕

Sponge , Chiffon , Pound , Cheesecake ,
Scone , Muffin etc.

〔日〕浜内千波◆著　涂瑾瑜◆译

南海出版公司

2018·海口

前 言

有一次，我把冰箱里没用完的鲜奶油放到了松饼面糊里，烤出来之后，丈夫尝了一口，他非常惊讶地说：“这次的松饼是怎么做的？太好吃了！”你们看，他是不是特别满意？

从此以后，每次我烤海绵蛋糕、戚风蛋糕、磅蛋糕、玛芬蛋糕、司康饼等各种各样的甜点时，就会增加一个步骤——添加鲜奶油，这样做出来的甜点和以往的口味完全不同，感觉像是打开了新世界的大门。

鲜奶油本身口感细腻，让人爱不释手。在蛋糕面糊中添加鲜奶油，不需要什么特殊技巧，也不怎么费功夫，就能让蛋糕具有温润轻盈的口感。

请您先尝一尝刚烤出来的热气腾腾的甜点，我想，它的口感一定会令您倍感惊讶。本书中有适合在日常制作的小点心，也有适合庆祝特殊纪念日的蛋糕，如果这些甜点能给您和身边的人带来笑容，那我会非常开心。

浜内千波

目录

本书的使用说明

* 使用的是电烤箱。如果使用的是煤气烤箱，请把烘
烤的温度下调10℃。烤箱的种类不同，烘烤所需的
温度和时间也会有所不同，请在烘烤过程中仔细观
察甜点的情况。

* 微波炉的加热时间也会因型号而异，请根据实际情
况调整时间。

* 使用的食材请参照 p84。

为什么鲜奶油
会让甜点变得更加美味

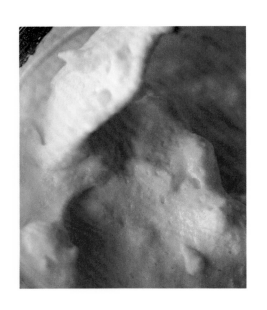

轻盈松软的口感

充分搅拌后，鲜奶油会被打发，这是因为鲜奶油中的脂肪会包裹住空气。将打发的鲜奶油加入制作甜点的面糊中后，不需要特殊技巧，甜点也会膨胀起来，同时具有柔软细腻的口感。如果您制作的甜点没有像预想的一样膨胀起来，那就一定要尝试一下这个方法。

入口即化的温润

一般情况下，为了让甜点的口感变得温润，需要在冷却后涂抹上糖浆，或是密封好放置一晚，工序非常麻烦。但其实不用那么费事，只需要加入鲜奶油，甜点自然就会具有温润的口感。因此这样烤出的蛋糕大部分都可以立即食用，而且就算放置几天也能保持温润的口感不变。

细腻的口感

鲜奶油的美味之处在于牛奶的香醇口感。牛奶的自然甘甜能给人带来幸福感。这本在家烘烤蛋糕的食谱能让您品尝到食材原本朴素而又与众不同的美味。

有益于身体健康

鲜奶油总给人一种热量很高的印象，但其实黄油中的脂肪含量高达 80%，而鲜奶油中的脂肪含量只有 40%。也就是说，和一般的食谱相比，使用鲜奶油能更好地减少脂肪和卡路里的摄入，不会给身体造成负担。而且鲜奶油口感浓郁、入口清爽，每天吃也不会厌倦。

Part 1
Sponge Cake

海绵蛋糕

蛋糕没有像预想的那样膨胀起来、蛋糕变得很硬……

是不是感觉总也烤不出完美的海绵蛋糕？

如果使用鲜奶油制作，

第一次尝试的人也能做出温润、轻盈、柔软的海绵蛋糕。

只要参照本书的方法，

就能轻松烤出 6cm 高的海绵蛋糕，

请尽情地品尝奶香四溢的美味海绵蛋糕吧。

Normal Sponge Cake　基础款海绵蛋糕

使蛋糕膨松柔软、口感温润的关键在于充分打发鸡蛋，而且加入面粉后不要过度搅拌，一气呵成地完成烘烤。从模具中取出烤好的蛋糕后，松软的质地一定会让您激动不已。建议先不要搭配任何果酱或奶油，只品尝蛋糕原本的味道。

材料（直径 18cm 的圆形模具 1 个份）

大号鸡蛋…………3 个（160 ～ 180g）
细砂糖（或上白糖）………………90g
黄油………………………………12g
鲜奶油※……………………………45mL
低筋面粉……………………………90g

提前准备

· 把烘焙用纸垫在模具内（参照 p13）。
· 将烤箱预热至 180℃。

※ 这里用的是"明治北海道十胜 FRESH100"鲜奶油。

1	2	3	4	5
隔水加热蛋液	加热至体温并打发	化开黄油	加入鲜奶油	打发出稠密的泡沫

把鸡蛋打入玻璃碗中，隔水加热（参照下文），用电动打蛋器的低速挡搅拌。在搅拌的同时，将砂糖分 2～3 次加入碗中。	蛋液出现少量泡沫后，改用高速挡打发。把手指伸入蛋液中，如果温度达到体温(35～38℃)，就把碗从热水中拿出。	把黄油放入一个较小的碗中，隔水加热，使其化开。建议使用直径约为15cm 的碗，以方便后续的搅拌等步骤。	黄油化开后，加入鲜奶油，隔水加热。加热至体温时，把碗从热水中拿出。	一边旋转步骤 2 的玻璃碗，一边用电动打蛋器的高速挡打发至六七分。

* 隔水加热的方法

把水倒入平底锅中，使水面保持在碗高的 1/3 处，开偏小的中火加热，直至水的温度达到人体体温（35～38℃），然后转成小火，把碗放在热水上打发。碗中蛋液的温度达到体温后，把碗取出。如果热水的温度过高，蛋液表面就会变得粗糙，无法膨胀，因此需要随时调整，避免热水的温度超过 40℃。用隔水加热的方法打发，蛋液的气泡会变多，而且不容易消泡。化开黄油时也使用此方法。

6	7	8	9	10
打发至能够留下搅拌的痕迹	加入面粉	搅拌面糊	把少量面糊拌入步骤 4 中	倒回面糊中

继续打发步骤 5 的蛋液，直至蛋液颜色发白、体积膨胀，泡沫稠密有光泽，而且能留下搅拌的痕迹。然后降至低速，快速将蛋液表面整理平整。

一次性筛入低筋面粉。

筛入面粉后，立刻翻拌 20～30 次。翻拌时要一边转动玻璃碗，一边用硅胶刮刀从面糊的底部向上翻拌。翻拌要充分，而且要一直朝一个方向。

用硅胶刮刀舀起部分面糊，倒入步骤 4 的碗中，充分搅拌均匀。

把混合后的面糊倒回步骤 8 的玻璃碗中，一边转动玻璃碗，一边从面糊底部向上翻拌 15～20 次，充分混合均匀。

11	*12*	*13*	*14*	*15*
倒入模具	排出空气	烘烤	烘烤完成	脱模

随后立即把面糊倒入准备好的模具中。	水平拿起模具，将模具从大约10cm高的地方磕落到桌面上，重复2～3次，震出面糊中的空气，这样能使面糊中的气泡变得均匀。	把模具放入预热至180℃的烤箱中，烘烤30～35分钟。如果烤箱只有两层，就放入下层。	待蛋糕边缘与烘焙用纸分离后，把竹扦插入蛋糕中，若拿出时没有粘上面糊，就说明烤好了。从烤箱中取出模具，从10cm高的地方磕落一次，震出里面的热气，使蛋糕的状态稳定下来。	从模具中取出蛋糕后，放在冷却架上冷却，轻轻撕掉周围的烘焙用纸。

★在圆形模具内垫烘焙用纸的方法

为了使烤好的蛋糕更易脱模，需要在模具内垫上烘焙用纸。在烘焙用纸上画出直径18cm的圆形（用于垫在底部）和宽8～9cm、长60cm的长方形（用于放在侧面），用剪刀剪下（a）。把剪下的烘焙用纸放入模具的底部和侧面即可（b）。由于烘烤过程中蛋糕会膨胀，因此垫在侧面的烘焙用纸两端要有大约5cm的重叠，高度也要比模具高出1～2cm。

a　*b*

Strawberry Jam Sponge Cake

草莓果酱海绵蛋糕

这款蛋糕在制作蛋糕坯和夹心奶油时都使用了草莓果酱，味道香甜质朴。制作蛋糕
坯的草莓果酱不能超过 50g，否则海绵蛋糕就会失去轻盈的口感。

材料（直径 18cm 的圆形模具 1 个份）

面糊

| 大号鸡蛋 ……3 个（160 ～ 180g） |
| 细砂糖（或上白糖）………… 60g |
| 黄油 ………………………… 12g |
| 鲜奶油 ……………………… 45mL |
| 草莓果酱 …………………… 50g |
| 低筋面粉 …………………… 90g |

夹心奶油

| 鲜奶油 ……………………155mL |
| 草莓果酱 …………………… 100g |

提前准备

· 把烘焙用纸垫在模具内（参照 p13）。

· 将烤箱预热至 180℃。

制作方法

【制作面糊】

1 把鸡蛋打入玻璃碗中，隔水加热（参照 p11），用电动打蛋器的低速挡搅拌。在搅拌的过程中，将砂糖分 2 ～ 3 次加入。

2 蛋液出现少量气泡后，改用高速挡打发。蛋液的温度达到体温时，把碗从热水中拿出。

3 把黄油放入一个较小的碗中，隔水加热，使其化开。待黄油化开后，加入鲜奶油，继续隔水加热。

4 一边转动步骤 2 的玻璃碗，一边用电动打蛋器的高速挡将蛋液打发至六七分，此时泡沫变得稠密有光泽，蛋液颜色发白，舀起后会呈带状落下。放入草莓果酱，降到低速挡，快速地将表面整理平整（a）。

5 筛入低筋面粉，翻拌 20 ～ 30 次。翻拌时要一边转动玻璃碗，一边用硅胶刮刀从面糊的底部向上翻拌。

6 用硅胶刮刀舀起部分面糊，倒入步骤 3 中，搅拌均匀。把混合后的面糊倒回步骤 5 的玻璃碗中，搅拌 15 ～ 20 次。

【倒入模具中烘烤】

7 立即把面糊倒入准备好的模具中。轻磕几次，震出其中的空气。

8 把模具放入预热至 180℃的烤箱的下层，烘烤 30 ～ 35 分钟。待蛋糕边缘与烘焙用纸分离后，把竹扦插入蛋糕中，若拿出时没有粘上面糊，就说明烤好了。

9 从烤箱中取出模具，轻磕一次，震出里面的热气，使蛋糕的状态稳定下来。脱模后将蛋糕放在冷却架上，撕掉周围的烘焙用纸。

【装饰】

10 把海绵蛋糕切成厚度相同的两片。先在蛋糕坯厚度的中间位置插入 8 根牙签，使牙签呈放射状均匀分布在蛋糕侧面（b）。使刀紧贴在牙签上方，把蛋糕切成厚度相同的上下两片（c）。

11 把制作夹心奶油的鲜奶油打发至八分，均匀涂抹在下层蛋糕的表面，再在鲜奶油上均匀涂抹一层草莓果酱，盖上上层的蛋糕，夹住鲜奶油和果酱。

a

b

c

Cocoa Sponge Cake

可可海绵蛋糕

将可可粉和面粉一起筛入碗中，混合至看不到粉末颗粒。烤好的蛋糕比外表看起来还要轻盈松软。简单地撒上糖粉，蛋糕就能变得非常精致。

材料（直径 18cm 的圆形模具 1 个份）

面糊

大号鸡蛋 ……3 个（160 ～ 180g）	
细砂糖（或上白糖）…………60g	
鲜奶油 ……………………45mL	
低筋面粉 …………………50g	
可可粉 ……………………20g	
糖粉……………………………适量	

提前准备

· 把烘焙用纸垫入模具中（参照 p13）。
· 把烤箱预热至 180℃。

制作方法

【制作面糊】

1　把低筋面粉和可可粉倒入网筛中，一边用手搅拌，一边筛入碗中（a）。然后再次充分搅拌，混合至看不到粉末颗粒。

2　把鸡蛋打入另一个玻璃碗中，隔水加热（参照 p11），用电动打蛋器的低速挡搅拌。在搅拌的过程中，将砂糖分 2 ～ 3 次加入蛋液中。

3　蛋液出现少量泡沫后，改用高速挡打发。蛋液的温度达到人体体温时，把碗从热水中取出。

4　把鲜奶油倒入一个较小的碗中，隔水加热备用。

5　一边转动步骤 3 的玻璃碗，一边用电动打蛋器的高速挡将蛋液打发至六七分。若泡沫变得稠密有光泽，蛋液颜色发白、体积膨胀，而且能留下搅拌的痕迹，就说明打发好了。然后用低速挡简单地整理表面。

6　将步骤 1 的面粉加入 5 中，翻拌 20 ～ 30 次。翻拌时要一边转动玻璃碗，一边用硅胶刮刀从面糊的底部向上翻拌。

7　用硅胶刮刀舀起两勺面糊加入步骤 4 中，充分搅拌均匀。把混合好的面糊倒回玻璃碗中，搅拌 15 ～ 20 次。

【倒入模具烘烤】

8　立即把面糊倒入模具中。轻磕几次模具，震出其中的空气。

9　把模具放入预热至 180℃ 的烤箱的下层，烘烤 30 ～ 35 分钟。待蛋糕边缘与烘焙用纸分离后，把竹扦插入蛋糕中，若拿出时没有粘上面糊，就说明烤好了。

10　从烤箱中取出模具，轻磕一次，震出里面的热气，使蛋糕的状态稳定下来。脱模后放在冷却架上冷却，撕掉周围的烘焙用纸。最后用网筛筛上糖粉。

a

Caramel Sponge Cake

焦糖海绵蛋糕

用砂糖、黄油和鲜奶油制作的焦糖略带苦味，是属于成年人的味道。蛋糕切面呈大理石纹状，是不是迫不及待地想要品尝一口？注意在混合焦糖和面糊时，只搅拌5次，这样是为了防止焦糖层被破坏，虽然混合后的气泡稍微有些大，但烤出来的效果非常棒。

材料（直径18cm的圆形模具1个份）

面糊
大号鸡蛋 ····· 3个（160～180g）
细砂糖（或上白糖） ··········· 80g
黄油 ··················· 12g
鲜奶油 ················· 45mL
低筋面粉 ················ 90g

焦糖
砂糖 ··················· 30g
黄油 ··················· 12g
鲜奶油 ················· 45mL

提前准备

· 把烘焙用纸垫在模具内（参照p13）。
· 将烤箱预热至180℃。

制作方法

【制作焦糖】

1 把砂糖放入平底锅中（a），用偏强的中火加热使砂糖化开，直至变为茶色（在此之前千万不要搅拌），然后放入黄油（b）。待黄油化开，倒入鲜奶油（c），搅拌至液体变得黏稠。将焦糖倒入较小的碗中（d），注意保温，防止焦糖凝固。

【制作面糊】

2 把鸡蛋打入玻璃碗中，隔水加热（参照p11）。用电动打蛋器的低速挡搅拌，在搅拌过程中，将砂糖分2～3次加入蛋液中。

3 蛋液出现少量泡沫后，改用高速挡打发，将蛋液加热至人体体温后，把碗从热水中取出。

4 把黄油放入较小的碗中，隔水加热，化开后倒入鲜奶油，继续隔水加热备用。

5 一边转动步骤3的玻璃碗，一边用高速挡将蛋液打发至六七分。若泡沫变得稠密有光泽，蛋液颜色发白、体积膨胀，而且能留下搅拌的痕迹，就说明打发好了。然后用低速挡简单地整理表面。

6 将低筋面粉筛入5中，翻拌20～30次。翻拌时要一边转动玻璃碗，一边用硅胶刮刀从面糊的底部向上翻拌。

7 用硅胶刮刀舀起两勺面糊放入步骤4中，加入步骤1的焦糖，充分混合均匀。把混合好的面糊倒回6的玻璃碗中，搅拌5次（e），这样面糊就会呈现大理石纹路状。

【倒入模具中烘烤】

8 立即把面糊倒入准备好的模具中。轻磕几次，震出其中的空气。

9 把模具放入预热至180℃的烤箱的下层，烘烤30～35分钟。待蛋糕边缘与烘焙用纸分离后，把竹扦插入蛋糕中，若拿出时没有粘上面糊，就说明烤好了。

10 从烤箱中取出模具，轻磕一次，震出里面的热气，使蛋糕的状态稳定下来。脱模后放在冷却架上冷却，撕掉蛋糕周围的烘焙用纸。

a b c d e

Milk Sponge Cake

奶香海绵蛋糕

把蛋白充分打发后再加入蛋黄，这样气泡会更细腻，能轻轻松松地烤出轻盈柔软的
蛋糕。使用的鲜奶油较多，制作出来的蛋糕口感温润，味道香醇。

材料（21cm×21cm 的方形模具 1 个份）

大号鸡蛋⋯⋯⋯⋯ 3 个（160～180g）
细砂糖（或上白糖）⋯⋯⋯⋯⋯ 150g
黄油⋯⋯⋯⋯⋯⋯⋯⋯⋯⋯ 50g
鲜奶油⋯⋯⋯⋯⋯⋯⋯⋯ 100mL
低筋面粉⋯⋯⋯⋯⋯⋯⋯⋯ 150g

提前准备

·把烘焙用纸垫在模具内（参照 p13）。
·将烤箱预热至 170℃。

制作方法

【制作面糊】

1　把黄油放入较小的碗中，隔水加热（参照 p11），化开后倒入鲜奶油，继续隔水加热备用。

2　把鸡蛋打入玻璃碗中，用勺子把蛋黄取出，放入另一个碗中，注意不要把蛋黄戳破。

3　用电动打蛋器的低速挡搅拌蛋白，出现少量泡沫后改用高速打发。打发至能留下搅拌的痕迹后，将砂糖分 3 次加入蛋白中（a）。继续打发至提起打蛋器会在碗中留下立起的尖角。

4　一次加入 1 个蛋黄（b），打发至蛋液颜色发白，泡沫变得稠密。筛入低筋面粉，用硅胶刮刀翻拌 15 次。翻拌时要一边转动玻璃碗，一边用硅胶刮刀从面糊的底部向上翻拌。

5　用硅胶刮刀舀出两勺面糊加入步骤 1 中混合均匀，再把混合好的面糊倒回 4 的玻璃碗中，搅拌 15 次（c）。

【倒入模具中烘烤】

6　立即把面糊倒入模具中（d），轻磕几次，震出空气。

7　将模具放入预热至 170℃的烤箱下层，烘烤 40 分钟。待蛋糕边缘与烘焙用纸分离后，把竹扞插入蛋糕中，若拿出时没有粘上面糊，就说明烤好了。

8　从烤箱中取出模具，轻磕一次，震出里面的热气，使蛋糕的状态稳定下来。从模具中取出后放在冷却架上冷却，撕掉蛋糕周围的烘焙用纸。

＊如果没有方形模具，可以在大小相同的空盒子中垫入烘焙用纸代替模具。

a

b

c

d

Berry Decoration Cake

莓果蛋糕

打发好的鲜奶油在这里只是用来制作夹心并涂抹表面，但用色彩鲜艳的莓果装饰后，蛋糕就会变得像出自糕点师之手。除了莓果，还可以用黄桃、葡萄、哈密瓜和芒果等水果装饰，做出的蛋糕同样美味诱人。

材料（直径 18cm 的圆形模具 1 个份）

基础款海绵蛋糕·················· 1 个
鲜奶油··························· 200mL
砂糖···························· 1½ 大勺
草莓（较小）····················· 1 盒
树莓···························· 适量
蓝莓···························· 适量

制作方法

1　参照 p10 ～ 13 制作基础款海绵蛋糕，再切成厚度相同的两片（参照 p15）。

2　选出形状较好的 5 ～ 6 个草莓用于装饰顶层，其余的草莓去蒂，纵向切成 5mm 厚的薄片，注意要使厚度均匀。

3　把鲜奶油和砂糖倒入玻璃碗中，打发至六七分（*a*），把其中的一半涂抹在底层蛋糕片的表面，再摆放上切好的草莓片。把形状较好的草莓片放在四周，零碎的小块放在中间，这样做出的造型会更好看。

4　在上面盖上另一片海绵蛋糕，在上层的蛋糕表面倒上剩下的鲜奶油，用硅胶刮刀快速抹匀。在中间摆上装饰用的草莓、树莓和蓝莓。

a

Caramel Cream Decoration Cake

焦糖奶油蛋糕

这款蛋糕造型时尚，令人心动，焦糖和鲜奶油的组合充满
诱惑。一鼓作气地完成侧面装饰，蛋糕的造型会非常完美。

材料（直径 18cm 的圆形模具 1 个份）

焦糖海绵蛋糕··························	1 个
鲜奶油··································	200mL
焦糖	
砂糖　··························	30g
黄油　··························	12g
鲜奶油 ··························	45mL

制作方法

1　参照 p19 制作焦糖海绵蛋糕。

2　制作焦糖。将砂糖放入平底锅中，用偏强的中火加热使砂
　糖化开，直至变为茶色（在此之前千万不要搅拌），再放
　入黄油。待黄油化开，倒入鲜奶油，搅拌至液体变得黏稠。
　把液体倒入较小的碗中，注意保温，防止焦糖凝固。

3　把鲜奶油倒入碗中，打发至七分，涂抹在整个焦糖海绵蛋
　糕的表面。用勺子舀起焦糖，将其呈细丝状淋到蛋糕表面，
　用硅胶刮刀快速把焦糖抹平，使焦糖的颜色呈渐变分布。

4　用勺子的背面蘸取焦糖，从下往上涂抹在蛋糕侧面的奶油
　上，每次涂抹中间都不要中断（*a*）。重复这一步，完成
　侧面的装饰。

a

Tiramisu Cake

提拉米苏蛋糕

咖啡糖浆口感温润，微甜中散发着淡淡苦味，味道非常别致。这是一款在宴会上才能品尝到的高级提拉米苏。

材料（直径 18cm 的圆形模具 1 个份）

基础款海绵蛋糕	1 个
速溶咖啡粉	10g
水	200mL
蛋黄	2 个
砂糖	40g
马斯卡彭奶酪	200g
鲜奶油	200mL
装饰用速溶咖啡粉	适量

制作方法

1 参照 p10～13 制作基础款海绵蛋糕，再切成薄厚均匀的五片。
2 在一个较小的碗中放入准备好的水和速溶咖啡粉，搅拌均匀备用（a）。
3 把蛋黄、砂糖、马斯卡彭奶酪放入另一个碗中，搅拌顺滑后，加入打发至七分的鲜奶油，然后搅拌均匀。
4 用刷子蘸取步骤 2 的咖啡液，涂抹在最下层蛋糕片的表面，再薄薄涂上一层步骤 3 的混合奶油。放上另一片蛋糕，用同样的方法在表面涂上咖啡液和奶油。重复这个过程，直至涂抹完第 4 层蛋糕片的表面，然后放上最后一片蛋糕。
5 把剩余的混合奶油涂抹在整个蛋糕的表面，再用网筛筛上装饰用的速溶咖啡粉。

a

Mimosa Cake

含羞草蛋糕

这款精致小蛋糕的造型灵感来自含羞草的花朵，可以用没吃完的海绵蛋糕作为原料，制作方法也很简单。混合了酸奶的奶油味道清爽，令人回味无穷。

材料（4 个份）

基础款海绵蛋糕	1/2 个
原味酸奶	150g
鲜奶油	100mL
砂糖	1 大勺

制作方法

1　把厨房用纸垫在网筛中，倒入酸奶，控掉水分，使酸奶的分量减轻到 75g。

2　把海绵蛋糕切成 1cm 厚的薄片，用直径 5cm 左右的杯子等工具切出 4 个圆形薄片。其余的蛋糕切成边长 1cm 的小方块。

3　在鲜奶油中加入砂糖，打发至七分，和步骤 1 过滤好的酸奶充分混合。把混合好的奶油挤在圆形蛋糕薄片上，使奶油堆成小山状（a）。也可以用勺子舀上一团奶油。

4　把切成小方块的海绵蛋糕贴在奶油表面，在顶部装饰上奶油。

a

Part 2
Chiffon Cake
戚风蛋糕

蓬松柔软、口感轻盈的戚风蛋糕

总能给女孩子们带来满满的幸福感。

其实，戚风蛋糕可以更加松软香醇，

你是不是已经迫不及待地想开始制作了呢？

在这一部分中介绍的戚风蛋糕

不仅蓬松柔软、入口即化，

而且还带有弹性，口感极佳。

制作的秘诀就是不过度搅拌，避免蛋白霜消泡。

不论是给家人品尝，还是与朋友一起分享，

想必他们都会惊喜不已，赞不绝口。

Plain Chiffon Cake 原味戚风蛋糕

成功做出戚风蛋糕的关键在于打发时产生的气泡。如果在搅拌过程中气泡破裂，那么烤出的蛋糕就会塌陷。打发好蛋白霜后，要快速地与面糊混合好，然后开始烘烤。

材料（直径 17cm 的戚风蛋糕模具 1 个份）

中号鸡蛋··························	4 个（约200g）
细砂糖（或上白糖）················	65g
牛奶···························	40g
鲜奶油※·························	25mL
色拉油·························	50g
低筋面粉·······················	75g

提前准备

·将烤箱预热至 170℃。

※ 这里使用的是"明治北海道十胜 FRESH100"鲜奶油。

1

分离蛋黄和蛋白

把鸡蛋打入干净的碗中，用勺子将蛋黄舀出，放入另一个碗中。注意不要弄破蛋黄，否则无法成功打发蛋白。

2

搅拌蛋黄

在盛有蛋黄的碗中加入15g砂糖，用打蛋器搅拌至砂糖化开。

3

搅拌均匀

加入牛奶和鲜奶油搅拌均匀。

4

筛入面粉

倒入色拉油，充分搅拌均匀。然后筛入低筋面粉。

5

搅拌至如图状态

充分搅拌至看不见粉末颗粒。如果面糊变得浓稠顺滑，就说明搅拌好了。

6

制作蛋白霜

用电动打蛋器的低速挡搅拌，打散蛋白。

7

用高速打发

打发出少量泡沫后，改用高速挡，在搅拌过程中，将50g砂糖分3次加入蛋白中。

8

打发完成

仔细搅拌，直至蛋白呈现出光泽感，而且提起打蛋器会在碗中留下立起的尖角。

9

把蛋白霜混入蛋黄中

把1/4的蛋白霜加入步骤5中。一边转动碗，一边用硅胶刮刀从底部向上翻拌6次。

10

混合部分蛋白霜

再次加入1/4的蛋白霜，用同样的方法翻拌6次。

11	*12*	*13*	*14*	*15*
混合剩余的蛋白霜	完成混合	倒入模具中	排出空气	烘烤

把剩余的蛋白霜倒入步骤*10*的碗中，翻拌 15 ～ 20 次。翻拌时要一边转动碗，一边从底部向上朝一个方向翻拌。

注意不要过度搅拌，以免使蛋白霜消泡。待快要看不到白色的蛋白霜时，即可停止搅拌。

立即把面糊倒入模具中。尽量从较低的位置倒入，以免混入空气，这是一个小窍门。

把硅胶刮刀垂直插入面糊中划一圈，排出混入的空气，防止面糊表面凹凸不平。

把模具放入预热至170 ℃的烤箱的下层，烘烤 30 分钟。把竹扦插入蛋糕中，若拿出时没有粘上面糊，就说明烘烤完成。从烤箱中取出模具，将其翻转过来插在杯子上。放置约 1 小时后，从模具中取出蛋糕。

* 戚风蛋糕的脱模方法

a　*b*　*c*

把手指伸入蛋糕和模具之间，轻轻地把蛋糕和模具分开（*a*）。取下外侧的模具后，用刀等工具利落地把模具底部和蛋糕分开（*b*），再向上轻轻地拔出中间的模具（*c*），有时可能会有蛋糕粘在上面，取出时注意不要破坏蛋糕的形状。

Ganache Chiffon Cake

甘纳许戚风蛋糕

涂抹上打发好的鲜奶油，再淋上细丝状的巧克力奶油，基础款的戚风蛋糕也能成为派对上的主角，而且这么漂亮的装饰用勺子就可以轻松完成。

材料（直径 17cm 的戚风蛋糕模具 1 个份）

原味戚风蛋糕··················1 个
巧克力奶油
┃ 鲜奶油 ···················200mL
┃ 板状巧克力 ················ 50g
装饰奶油
┃ 鲜奶油 ···················200mL
┃ 砂糖 ··················· 1½ 大勺

制作方法

1　制作巧克力奶油。把鲜奶油和切碎的板状巧克力放入耐热容器中，用 200W 的微波炉加热 1 分钟后，取出搅拌。再加热 1 分钟，再次充分搅拌，然后再加热 1 分钟并取出搅拌。待混合物变得浓稠有光泽，巧克力奶油就做好了。

2　在鲜奶油中放入砂糖搅拌，打发至七分，涂抹在整个原味戚风蛋糕的表面。用勺子的背面给涂抹的奶油塑形，使表面变得高低不平，再把巧克力奶油用勺子淋在上面（ *a* ）。

a

Tea Chiffon Cake

红茶戚风蛋糕

红茶的味道和香气在唇齿间蔓延，一款能让人感到幸福的蛋糕。用热水冲泡茶叶是
蛋糕美味的关键，这样茶味会更加浓郁。这里使用的是具有独特风味的格雷伯爵红茶，
您也可以选用自己喜爱的品牌。

材料（直径17cm的戚风蛋糕模具1个份）

格雷伯爵红茶	4g
热水	1大勺
中号鸡蛋	4个（约200g）
细砂糖（或上白糖）	65g
牛奶	35g
鲜奶油	25mL
色拉油	50g
低筋面粉	75g

提前准备

· 将烤箱预热至170℃。

制作方法

【制作面糊】

1　把茶叶放在厨房用纸上，用刀切碎后，倒入1个较小的碗中，再倒入准备好的热水，盖上保鲜膜，泡10分钟（*a*）。

2　在另一个碗中打入鸡蛋，用勺子舀出蛋黄，再放入另一个碗中。注意取出时不要弄破蛋黄，否则蛋白无法被打发起来。

3　在蛋黄中加入15g砂糖，用打蛋器充分搅拌，待砂糖化开后，倒入牛奶、鲜奶油和步骤1的茶水，搅拌均匀。

4　将色拉油倒入3中搅拌均匀，筛入低筋面粉搅拌。搅拌至看不到粉末颗粒，混合物变得黏稠即可。

5　用电动打蛋器的低速挡打发蛋白，出现少量泡沫后改用高速打发。在打发过程中，将50g砂糖分3次加入蛋白中。若蛋白变得有光泽，而且提起打蛋器会在碗中留下立起的尖角，就说明打发好了。

6　把1/4的蛋白霜倒入步骤4中搅拌6次，再加入1/4的蛋白霜，搅拌6次。然后倒入剩余的蛋白霜，搅拌15～20次。注意不要过度搅拌，以免蛋白霜消泡。待快要看不到白色的蛋白霜时，即可停止搅拌。

【倒入模具中烘烤】

7　立即把面糊倒入模具中，尽量从较低的位置倒入，以免混入空气。把硅胶刮刀垂直插入面糊中划一圈，排出混入的空气，防止面糊表面凹凸不平。

8　把模具放入预热至170℃的烤箱的下层，烘烤30分钟。把竹扦插入蛋糕中，如果拿出时没有粘上面糊，就说明烘烤完成。从烤箱中取出模具，将其翻转过来插在杯子上。放置约1小时后，从模具中取出蛋糕。

a

Maccha Chiffon Cake

抹茶戚风蛋糕

制作方法和原味戚风蛋糕完全相同，但是在面粉中加入了抹茶粉，烤出的蛋糕颜色和香味非常诱人。除了与鲜奶油一起食用外，还可以搭配红豆或者黄豆粉。

材料（直径17cm的戚风蛋糕模具1个份）

中号鸡蛋·················· 4 个（约200g）
细砂糖（或上白糖）················· 65g
牛奶·································· 40g
鲜奶油·····························25mL
色拉油······························ 50g
低筋面粉···························· 75g
抹茶粉······························· 5g
佐餐奶油
┃ 鲜奶油 ·······················75mL
┃ 砂糖 ·······················1 大勺

提前准备

· 将烤箱预热至170℃。

制作方法

【制作面糊】

1　把鸡蛋打入干净的碗中，用勺子舀出蛋黄，放入另一个碗中。注意在取出过程中不要弄破蛋黄，否则蛋白无法被打发起来。

2　在蛋黄中加入15g 砂糖，用打蛋器混合均匀，待砂糖化开后，倒入牛奶和鲜奶油搅拌均匀。

3　将色拉油倒入 2 中搅拌均匀，把低筋面粉和抹茶粉一同筛入（ *a* ），搅拌至看不到粉末颗粒，混合物变得黏稠即可（ *b* ）。

4　用电动打蛋器的低速挡打发蛋白，出现少量泡沫后改用高速打发。在打发过程中，将50g 砂糖分 3 次加入蛋白中。若蛋白变得有光泽，而且提起打蛋器会在碗中留下立起的尖角，就说明打发好了。

5　把 1/4 的蛋白霜倒入步骤 3 中搅拌 6 次，再加入 1/4 的蛋白霜，搅拌 6 次。然后倒入剩余的蛋白霜，搅拌 15 ~ 20 次。注意不要过度搅拌，以免蛋白霜消泡。待快要看不到白色的蛋白霜时，即可停止搅拌。

【倒入模具中烘烤】

6　立即把面糊倒入模具中，尽量从较低的位置倒入，以免混入空气。把硅胶刮刀垂直插入面糊中划一圈，排出混入的空气，防止面糊表面凹凸不平。

7　把模具放入预热至170℃的烤箱的下层，烘烤 30 分钟。把竹扦插入蛋糕中，如果拿出时没有粘上面糊，就说明烘烤完成。从烤箱中取出模具，将其翻转过来插在杯子上。放置约 1 小时后，从模具中取出蛋糕。

8　把鲜奶油和砂糖倒入碗中，打发至七分，放在切好的抹茶戚风蛋糕旁边。

a　　　*b*

Angel Cake

天使蛋糕

这是一款用蛋白制作的蛋糕，纯白的颜色如天使般神秘，口感柔软又有弹性，令人回味无穷。将平时剩余的蛋白冷冻起来，解冻后即可使用，非常方便。

材料（直径 20cm 的天使蛋糕模具 1 个份）

鲜奶油……………………………………… 50mL
特级初榨橄榄油…………………………… 1 大勺
水…………………………………………… 2 大勺
柠檬皮碎…………………………………… 1/2 个份
低筋面粉…………………………………… 50g
蛋白（大号鸡蛋）………………………… 3 个
盐…………………………………………… 0.5g
细砂糖（或上白糖）……………………… 50g
装饰奶油
  | 鲜奶油 ……………………………… 150mL
  | 砂糖 ………………………………… 1½ 大勺
糖珠………………………………………… 适量

提前准备

· 将烤箱预热至 160℃。

制作方法

【制作面糊】

1　把鲜奶油倒入碗中，用打蛋器打发，直至提起打蛋器时，会在碗中留下立起的尖角。

2　在步骤 1 中依次加入色拉油、准备好的水和柠檬皮碎，充分搅拌均匀。在碗中筛入低筋面粉，用硅胶刮刀搅拌至看不到粉末颗粒。

3　在另一个碗中放入蛋白和盐，用电动打蛋器的低速挡搅拌，打发出少量泡沫后改用高速打发。在打发过程中，将 50g 砂糖分 3 次加入蛋白中。若蛋白变得有光泽，而且提起打蛋器会在碗中留下立起的尖角，就说明打发好了。

4　把 1/4 的蛋白霜倒入步骤 2 中（a），搅拌 7 ～ 10 次，再加入一半的蛋白霜，搅拌 7 次。最后倒入剩余的蛋白霜，搅拌 7 次（b）。

【倒入模具中烘烤】

5　立即把面糊倒入模具中（c）。用硅胶刮刀将面糊的表面整理平整（d）。

6　把模具放入预热至 160℃的烤箱的下层烤 20 ～ 25 分钟。把竹扦插入蛋糕中，若拿出时没有粘上面糊，就说明烘烤完成。从烤箱中取出模具，将其翻转过来插在杯子上。放置约 1 小时后，从模具中取出蛋糕，放置在冷却架上冷却。

【装饰】

7　把鲜奶油和砂糖倒入碗中，打发至提起打蛋器时，会在碗中留下立起的尖角。将奶油倒入装有星形裱花嘴的裱花袋中，挤在冷却好的蛋糕上，撒上糖珠。

a　　　　　　b　　　　　　c　　　　　　d

Part 3
Pound Cake

磅蛋糕

一般的磅蛋糕在制作过程中会使用大量的黄油，让人感觉很有重量感。

而"浜内派"的磅蛋糕在制作时加入了打发的鲜奶油，

在保留香醇口感的同时，蛋糕也变得质地细腻，松软轻盈。

而且热量也大幅减少，

因此非常适合控制热量、注意体重的女孩子。

制作磅蛋糕非常简单轻松，

不如就做磅蛋糕作为今天的点心吧！

Cream Pound Cake   奶油磅蛋糕

切面处温暖的黄色和细腻的蛋糕纹路，看起来就非常好吃。这款蛋糕不仅口感轻盈，还能让舌尖的味蕾感受到鲜奶油的香浓，给人带来满满的幸福感。

材料（16cm × 7cm × 6cm※ 的磅蛋糕模具 1 个份）

鲜奶油※ ······	200mL
砂糖 ······	80g
中号鸡蛋 ······	2 个（约 100g）
蜂蜜 ······	1 大勺
低筋面粉 ······	100g
泡打粉 ······	4g
粗砂糖 ······	10g

提前准备

· 把烘焙用纸垫在模具内（参照 p41）。
· 将烤箱预热至 170℃。

※ 书中磅蛋糕尺寸标注均为长 × 宽 × 高。
※ 这里使用的是"明治北海道十胜 FRESH100"鲜奶油。

1
铺上粗砂糖

在准备好的模具底部均匀地铺上一层粗砂糖。粗砂糖会给蛋糕带来酥脆的口感。

2
打发鲜奶油

把鲜奶油倒入玻璃碗中。

3
加入砂糖

将两大勺砂糖加入鲜奶油中，用打蛋器打发。

4
打发至八分

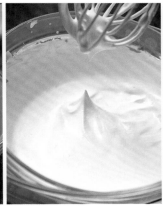

打发至八分即可，此时提起打蛋器，奶油不会滴下来，而是在碗里留下一个立起的尖角。

5
打散鸡蛋

在另一个碗中，打入鸡蛋，用打蛋器打散后，加入剩余的砂糖和蜂蜜。

---

* 在磅蛋糕模具中垫烘焙用纸的方法

为了使脱模时蛋糕不会粘在模具上，要先把烘焙用纸垫在模具里。首先，裁出一块较大的烘焙用纸，倒入模具，使烘焙用纸紧贴模具的底部和侧面，留下折痕（a）。然后，展开烘焙用纸，用剪刀剪开四条侧边（b）。最后，沿着折痕把烘焙用纸垫入模具内（c）。由于面糊在烘烤过程中会膨胀，因此烘焙用纸要比模具高出 3cm 左右。

a

b

c

6	*7*	*8*	*9*	*10*
搅拌至砂糖化开	加入面粉	搅拌至看不到粉末颗粒	加入鲜奶油	翻拌

继续搅拌步骤5的蛋液，直至砂糖化开。	将低筋面粉和泡打粉混合在一起，筛入步骤6的蛋液中。	用打蛋器搅拌至看不到粉末颗粒为止。	在步骤8的碗中加入一半打发好的鲜奶油。	用硅胶刮刀从底部向上翻拌，翻拌至颜色均匀，看不到白色的鲜奶油即可。

11

倒入模具中烘烤

立即把面糊倒入模具中，放入预热至170℃的烤箱的下层，烘烤30分钟。把竹扦插入蛋糕中，若拿出时没有粘上面糊，就说明烘烤完成。

12

脱 模

从烤箱中取出模具，轻轻地捏住烘焙用纸并向上提，把蛋糕从模具中取出，放在冷却架上。撕掉周围的烘焙用纸，放置冷却。

13

装 盘

切下适量的蛋糕，放在盘子上，在旁边放上适量剩余的打发好的鲜奶油。

Granola Pound Cake

格兰诺拉磅蛋糕

在奶油磅蛋糕上撒上格兰诺拉麦片，烤出的蛋糕会具有麦片的酥脆和芳香，麦片里的水果干也会给蛋糕带来香甜朴实的气息。麦片中含有大量的食物纤维和矿物质，可以选择您喜欢的种类。

材料（16cm×7cm×6cm 的磅蛋糕模具 1 个份）

格兰诺拉麦片	50g
鲜奶油	80mL
砂糖	70g
中号鸡蛋	2 个（约 100g）
蜂蜜	1 大勺
低筋面粉	100g
泡打粉	4g

提前准备

· 把烘焙用纸垫在模具内（参照 p41）。
· 将烤箱预热至 170℃。

制作方法

【制作面糊】

1　将两大勺砂糖和鲜奶油一起倒入碗中用打蛋器打发至八分。

2　将鸡蛋打入另一个碗中，用打蛋器打散。倒入剩余的砂糖和蜂蜜，搅拌至砂糖化开。

3　把低筋面粉和泡打粉一同筛入 2 中，搅拌至看不到粉末颗粒。然后加入步骤 1 的打发鲜奶油，用硅胶刮刀从底部向上翻拌，直至材料混合均匀。

【倒入模具中烘烤】

4　立即把面糊倒入模具中，在面糊的表面撒满格兰诺拉麦片（a）。放入预热至 170℃的烤箱的下层，烘烤 35 分钟。把竹扦插入蛋糕中，若拿出时没有粘上面糊，就说明烘烤完成。

5　从烤箱中取出模具，捏住烘焙用纸向上提，把蛋糕从模具中取出，放在冷却架上。撕掉周围的烘焙用纸，放置冷却。

a

Kinako Pound Cake

黄豆粉磅蛋糕

只是在面粉中添加了黄豆粉，其他步骤和制作奶油磅蛋糕相同。只要掌握了这款蛋糕的制作方法，之后不论是换成可可粉，还是抹茶粉，制作起来都能得心应手。烘烤过程中飘出的奢侈香气，是只有亲手制作才能拥有的收获。

材料（16cm×7cm×6cm 的磅蛋糕模具 1 个份）

鲜奶油······················80mL
砂糖·························70g
中号鸡蛋······················2 个
蜂蜜·················1 大勺（约 100g）
低筋面粉······················70g
黄豆粉························30g
泡打粉························5g

提前准备

·把烘焙用纸垫在模具内（参照 p41）。
·将烤箱预热至 170℃。

制作方法

【制作面糊】

1　将两大勺砂糖和鲜奶油一起倒入碗中用打蛋器打发至八分。

2　将鸡蛋打入另一个碗中，用打蛋器打散。倒入剩余的砂糖和蜂蜜，搅拌至砂糖化开。

3　把低筋面粉、黄豆粉和泡打粉一同筛入步骤 2 中（a），搅拌至看不到粉末颗粒。然后加入步骤 1 的打发鲜奶油，用硅胶刮刀从底部向上翻拌，直至材料混合均匀。

【倒入模具中烘烤】

4　立即把面糊倒入模具中，放入预热至 170℃的烤箱的下层，烘烤 35 分钟。把竹扦插入蛋糕中，若拿出时没有粘上面糊，就说明烘烤完成。

5　从烤箱中取出模具，捏住烘焙用纸向上提，把蛋糕从模具中取出，放在冷却架上。撕掉周围的烘焙用纸，放置冷却。

a

抹茶甘纳豆磅蛋糕

这款蛋糕的切面带有由两种颜色构成的大理石纹路，它看上去可能有点难度，但把
白色和绿色的面糊交替倒入模具中，使它们互相重叠，就能轻松制作出漂亮的切面。
烘烤 10 分钟后，再把装饰用的甘纳豆放在蛋糕的顶部，这样就能避免豆子被烤焦。

材料（16cm×7cm×6cm 的磅蛋糕模具
1 个份）

低筋面粉	100g
泡打粉	5g
鲜奶油	80mL
中号鸡蛋	2 个（约 100g）
砂糖	70g
蜂蜜	1 大勺
抹茶粉	2g
甘纳豆 ※	90g

提前准备

· 把烘焙用纸垫在模具内（参照 p41）。
· 将烤箱预热至 170℃。

※ 甘纳豆是将粟子、花生等豆类植物的果实，用砂糖
腌渍而成的一种蜜饯类日式点心。与纳豆无关。

制作方法

【制作面糊】

1 把低筋面粉和泡打粉混合在一起，过筛备用。

2 把鲜奶油倒入碗中，用打蛋器打发至八分。

3 将鸡蛋打入另一个碗中，用打蛋器打散。倒入砂糖和蜂蜜，搅拌至砂糖化开。

4 把步骤 1、2、3 中的材料分别取出 1/3 的量。然后将剩余的 1、2、3 的材料混合在一起，搅拌均匀（白色面糊）。

5 在取出的 1 中加入抹茶粉（a），再与从步骤 2、3 中取出的 1/3 的部分混合，搅拌均匀（绿色面糊）。

【倒入模具】

6 把 1/3 的白色面糊倒入模具中，再在面糊表面的不同位置放入少量绿色面糊（b），再倒入 1/3 的白色面糊（c）。

7 再次在白色面糊表面的不同位置倒入部分绿色面糊，并撒上一半的甘纳豆（d）。倒入剩余的白色面糊，在表面的不同位置倒入剩余的绿色面糊，用竹扞在面糊中快速地划几下，使面糊呈现大理石纹路状（e）。

【烘烤】

8 将模具放入预热至 170℃的烤箱的下层，烘烤 10 分钟，撒上剩余的甘纳豆后，再烘烤 30 分钟。把竹扞插入蛋糕中，若拿出时没有粘上面糊，就说明烘烤完成。

9 从烤箱中取出模具，捏住烘焙用纸向上提，把蛋糕从模具中取出，放在冷却架上。撕掉周围的烘焙用纸，放置冷却。

a

b

c

d

e

Sesame Butter Cream Cake

芝麻黄油奶油磅蛋糕

这款蛋糕采用分别打发蛋白和蛋黄的方法制作而成，拥有海绵蛋糕般松软轻盈的口感。如果使用长方形的磅蛋糕模具，下面材料表中的分量可以做出两个。如果只想用磅蛋糕模具做一份，请把所有材料的分量减半使用。

材料（直径 18cm 的圆形模具 1 个份）

鲜奶油	100mL
蛋白霜	
蛋白（大号鸡蛋）	4 个
砂糖	100g
黄油	90g
砂糖	100g
蛋黄（大号鸡蛋）	4 个
低筋面粉	230g
泡打粉	7g
黑芝麻	15g
白芝麻	30g

提前准备

· 把烘焙用纸垫在模具内（参照 p13）。
· 把黄油放置在室温下回温。
· 将烤箱预热至 180℃。

制作方法

【制作面糊】

1　用打蛋器把鲜奶油打发至七分（*a*）。

2　用电动打蛋器的低速挡打发蛋白，出现少量泡沫后改用高速打发。在打发过程中，将制作蛋白霜用的砂糖分 3 次加入蛋白中。若蛋白变得有光泽，而且提起打蛋器会在碗中留下立起的尖角，就说明打发好了。

3　把黄油放入碗中，用打蛋器搅拌至质地变得柔软，加入砂糖，搅拌至黄油颜色发白。将蛋黄分多次加入碗中，每次加入 1 个，每次加入后都搅拌均匀。

4　在步骤 3 的碗中，倒入步骤 1 的打发奶油（*b*），用硅胶刮刀简单混合。筛入低筋面粉和泡打粉，搅拌至看不到粉末颗粒。

5　将步骤 2 的蛋白霜分 3 次加入 4 中，每次加入后都用硅胶刮刀切拌（*c*），直至面糊中残留少量白色颗粒状态的蛋白霜时，即可停止切拌。

【倒入模具中烘烤】

6　立即把面糊倒入模具中（*d*），在整个表面撒满混合在一起的黑、白芝麻（*e*），放入预热至 180℃的烤箱内烘烤 45 分钟。如果把竹扦插入蛋糕中，拿出时没有粘上面糊，就说明烘烤完成。

7　从烤箱中取出模具，捏住烘焙用纸向上提，把蛋糕从模具中取出，放在冷却架上。撕掉周围的烘焙用纸，放置冷却。

a

b

c

d

e

Part 4
Cheesecake

奶酪蛋糕

本章介绍的两种奶酪蛋糕都使用了大量的鲜奶油，味道香浓。

用充分打发的鲜奶油制作白色奶酪蛋糕，

用未打发的鲜奶油制作热烤奶酪蛋糕，

两种蛋糕的口感都温润丝滑，

让人品尝一口就再也无法忘记，

而且口感比想象的还要轻盈，令人惊喜。

认真按照书中的技巧制作，就不会失败。

请一定要好好品尝传说中的奶酪蛋糕。

White Cheesecake

白色奶酪蛋糕

这款梦幻般的白色奶酪蛋糕很难让人想到它是烘烤过的。蛋糕口感
松软、入口即化，充满浓郁的牛奶风味，尝起来就像是冻奶酪蛋糕，
美妙的味道非常不可思议。

1

混合奶油奶酪和蛋黄

2

筛入面粉

3

加入牛奶和鲜奶油

材料（直径 18cm 的圆形模具 1 个份）

奶油奶酪……………………………	200g
蛋黄（大号鸡蛋）……………………	4 个
低筋面粉……………………………	50g
牛奶…………………………………	100g
鲜奶油※……………………………	100mL
柠檬汁、柠檬皮……………………	各 1 个份
蛋白（大号鸡蛋）…………………	4 个
细砂糖（或上白糖）………………	80g

柠檬糖浆

柠檬汁 ……………………………	1 个份
砂糖 ………………………………	35g

提前准备

· 把烘焙用纸垫在模具内（参照 p13）。在侧面的烘焙用纸的两面薄薄地涂上一层黄油。
· 用 150W 的微波炉加热奶油奶酪 30 秒，使其软化。
· 把一部分柠檬皮切成细丝用于装饰，其余的擦成柠檬皮碎。
· 将烤箱预热至 150℃。

※ 这里使用的是"明治北海道十胜 FRESH100"鲜奶油。

把奶油奶酪放入玻璃碗中，用打蛋器搅拌至顺滑，将蛋黄分多次加入碗中，一次加入 1 个，每次加入后都搅拌均匀。

将低筋面粉筛入 *1* 中，从底部向上翻拌，直至看不到粉末颗粒。

把牛奶和鲜奶油倒入小锅中加热至沸腾，分 3 次倒入步骤 *2* 中，每次倒入都用打蛋器搅拌均匀。再放入柠檬汁和柠檬皮碎混合均匀。

4	5	6	7	8
制作蛋白霜	把蛋白霜拌入面糊中	倒入模具中	隔水烘烤	完成

用电动打蛋器的低速挡打发蛋白，出现少量泡沫后改用高速打发。在打发过程中，将砂糖分3次加入蛋白中。若提起打蛋器会在碗中留下立起的尖角，就说明打发好了。

把1/3的蛋白霜放入步骤3中，翻拌10次，再加入1/3，翻拌10次。把剩余的蛋白霜倒入后，翻拌20次。翻拌时要一边转动玻璃碗，一边用硅胶刮刀从面糊的底部向上朝一个方向翻拌。

立即把面糊倒入模具中，再把模具放在一个较大的方盘上。

向方盘内注水，使水没过模具底部，把方盘放到烤盘上，放入预热至150℃的烤箱的下层。烘烤10分钟后，打开烤箱门散热约10秒，再烤10分钟。

再次散热10秒左右，烘烤10分钟，再散热约10秒，把火关上。关上烤箱门焖30分钟，利用余热让蛋糕充分受热。再把温度调至160℃，烘烤10~15分钟。如果把竹扦插入蛋糕中，拿出时没有粘上面糊，就说明烘烤完成。把蛋糕留在烤箱内静置30分钟。

* 烘烤过程中需要注意的地方

不断地重复烘烤和散热的步骤是为了防止蛋糕在烘烤的过程中上色，使表面保持洁白。如果在烘烤时发现面糊膨胀得不均匀，可以适当地调整蛋糕的位置。最后用160℃的温度烘烤时，不要离开烤箱，时刻注意烤箱内的情况，一旦发现蛋糕表面快要上色了，就打开烤箱门散热10秒左右。

* 白色奶酪蛋糕的装饰方法

将烤好并脱模的蛋糕摆放在盘子上，撕掉烘焙用纸。在小锅中倒入柠檬汁和砂糖，加热至液体变得浓稠，冷却后浇在蛋糕表面，把切好的柠檬皮细丝撒在上面（a）。

a

Baked Cheesecake

热烤奶酪蛋糕

蛋糕刚烤出来时，那种柔软嫩滑的口感非常特别。蛋糕中加入了足量的柠檬汁，酸酸的味道使蛋糕的口感更加清爽。白干酪的制作方法非常简单，一定要亲自尝试一下。

材料（直径 23cm 的挞模 1 个份）

挞皮
黄油	75g
砂糖	65g
大号鸡蛋	1/2 个（约 30g）
低筋面粉	140g

白干酪
牛奶	1L
白醋	2½ 大勺

面糊
鲜奶油	150mL
柠檬汁、柠檬皮碎	各 1/2 个份
大号鸡蛋	2 个（105～120g）
砂糖	90g
低筋面粉	10g
盐	少许

提前准备

· 把黄油放置在室温下回温。
· 将烤箱预热至 180℃。

制作方法

【制作白干酪】

1　在锅内倒入牛奶和白醋，一边用偏弱的中火加热，一边用木铲搅拌，使牛奶慢慢地均匀受热，待牛奶分层后，把锅从火上移开（a）。

2　在滤网中垫上厨房用纸，倒入步骤 1 分层的牛奶（b），过滤掉水分，使剩下固体的分量减至 250g。

【制作挞皮】

3　把黄油放入碗中，用木铲搅拌至顺滑。将砂糖分 4～5 次加入黄油中，紧贴碗底搅拌，直至黄油颜色发白。

4　将搅匀的蛋液少量多次地倒入步骤 3 的碗中，每次倒入都要搅拌均匀。筛入低筋面粉，将面粉和其他材料搅拌混合为一个整体，再整理成面团。用保鲜膜将面团大致包裹成方形，放入冰箱中冷藏 1 小时。

5　在面团的上下方各垫两张较大的保鲜膜，用擀面杖擀成约 27cm×27cm 的正方形（c）。揭掉保鲜膜，把面团放入挞模中，切去多余的部分。用叉子在挞皮的底部扎一些小孔（d）。

【制作面糊】

6　把步骤 2 的白干酪放入碗中，再将鲜奶油分 3～4 次倒入，同时用打蛋器充分搅拌。放入柠檬汁和柠檬皮碎搅拌均匀。

7　把鸡蛋打入另一个碗中，用打蛋器充分搅拌。将砂糖分 4 次加入碗中，打发至蛋液颜色发白、变得浓稠。

8　在步骤 7 中筛入低筋面粉和盐，简单地搅拌几下，再分几次倒入步骤 6 的碗中，用切拌的方法使混合物融为一体。

【倒入模具中烘烤】

9　把步骤 8 的面糊倒入步骤 5 的模具中（e），将表面整理平整，放入预热至 180℃的烤箱的下层，烘烤 40 分钟。如果把竹扦插入蛋糕中，拿出时没有粘上面糊，就说明烘烤完成。把蛋糕从模具中取出，放在冷却架上冷却。

a　　　　　b　　　　　c　　　　　d　　　　　e

Part 5
Cup Cake, Muffin, Scone
杯子蛋糕、玛芬蛋糕、司康饼

cup cake

杯子蛋糕

用手掰开时，软软的触感非常美妙，咬下一口，
唇齿间感受到的松软，仿佛海绵蛋糕一般。
打发的鲜奶油给蛋糕带来了不一样的口感。
点心散发出鸡蛋的柔和香气，能让心灵得到
治愈。

Plain Cup Cake
原味杯子蛋糕

很多人都喜欢把面糊搅拌至完全顺滑，但这样烤出来
的蛋糕会变得黏黏糊糊的，失去轻盈的口感。搅拌至
还残留有少量的小颗粒面团即可。

Coffee Marble Cup Cake

咖啡杯子蛋糕

交替倒入面糊和咖啡液，烤出的杯子蛋糕外表呈现大理石纹路状，十分好看。用可可粉和抹茶粉等其他很多材料也可以做出同样的效果。

材料（底部直径 6cm，高 5cm 的布丁模具 7 个份）

中号鸡蛋⋯⋯⋯⋯⋯ 2 个（约 100g）
砂糖⋯⋯⋯⋯⋯⋯⋯⋯⋯⋯⋯ 60g
鲜奶油※⋯⋯⋯⋯⋯⋯⋯⋯⋯100mL
黄油⋯⋯⋯⋯⋯⋯⋯⋯⋯⋯⋯⋯ 30g
低筋面粉⋯⋯⋯⋯⋯⋯⋯⋯⋯ 120g
泡打粉⋯⋯⋯⋯⋯⋯⋯⋯⋯⋯⋯ 5g

提前准备

·在布丁模具中垫入烘焙用纸。
·黄油用 600W 的微波炉加热 30～40 秒，使其化开。
·将烤箱预热至 170℃。

※ 这里用的是"明治北海道十胜 FRESH100"鲜奶油。

1

打发鸡蛋

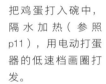

把鸡蛋打入碗中，隔水加热（参照 p11），用电动打蛋器的低速档画圈打发。

2

加入砂糖

出现少量泡沫后改为高速档，在打发过程中，将砂糖分 3 次加入碗中。蛋液加热至人体体温后，把碗从热水中取出，继续打发至蛋液颜色发白、泡沫变得稠密。

3

与鲜奶油和黄油混合

把鲜奶油倒入另一个碗中，用打蛋器打发至七分，倒入化开的黄油并搅拌。

* 裱花袋的组合方法

裱花袋可以使用购买鲜奶油时配套赠送的袋子。先把裱花嘴放至裱花袋的前端，用手指用力将其挤至裱花袋的尖嘴处（*a*）。把裱花袋竖着放入杯子等容器里，高出杯子的部分向外翻折即可（*b*），这样就能方便地把面糊等材料倒入裱花袋中。

a

b

4	*5*	*6*	*7*	*8*
加入面粉	搅拌	把打发的蛋液和面团混合	把面糊倒入裱花袋	挤入杯中烤制

将泡打粉和低筋面粉混合在一起，筛入步骤3的碗中。	从碗底向上翻拌，直至将面粉混合成残留有少量干粉颗粒的面团即可。	向步骤5的碗中倒入1/3步骤2的蛋液，用硅胶刮刀搅拌。再把剩余的蛋液分两次倒入并搅拌。搅拌至还残留有少量的小颗粒面团即可。	把面糊倒入套在杯里的裱花袋中，要拧紧裱花嘴，注意袋内不要混入空气。	把面糊挤入杯中，挤至七分满即可，轻磕几次，震出空气。把模具摆放在烤盘上，放入预热至170℃的烤箱的中层，烘烤25分钟。把竹扦插入蛋糕中，若拿出时没有粘上面糊，就说明烘烤完成。

* 咖啡杯子蛋糕的制作方法

（底部直径7cm，高5cm的纸杯6个份）

原料的分量、制作方法和烘烤方法均和上面的"原味杯子蛋糕"一样，只是把面糊倒入模具时的操作有所不同。先用1～2大勺水溶解2大勺速溶咖啡，然后按照面糊→咖啡液→面糊→咖啡液的顺序把材料倒入模具中，倒至七分满即可。倒入咖啡时，要用勺子使咖啡液呈丝带状淋在面糊上（*a*）。最后，将表层的咖啡液用竹扦搅拌3次，这样烘烤后蛋糕的表面就会呈现大理石纹路状。

a

Muffin

玛芬蛋糕

杯子蛋糕和玛芬蛋糕都是放入杯子中烘烤的，看起来似乎差不多，但玛芬蛋糕的质地近似于面包，比杯子蛋糕更加紧实，这是两者最大的不同。在面糊中加入未经打发的鲜奶油，能给蛋糕营造出温润醇厚的口感。

Banana Muffin

香蕉玛芬蛋糕

这款香蕉玛芬蛋糕的面糊里加入了大量香蕉，顶部也用香蕉作装饰，一定会让喜爱香蕉的食客爱不释手。制作时只需将各种材料逐一混合，非常简单。

Chocolate Chip Muffin

巧克力玛芬蛋糕

香浓的巧克力融化在纯黑的可可蛋糕中，对于喜爱甜食的人来说，简直是让人无法抗拒的美味。成年人会偏爱用黑巧克力制作的蛋糕，而儿童会更喜欢用牛奶巧克力制作的蛋糕。

材料（直径7cm的玛芬蛋糕模具6个份）

香蕉·······················3根（300克）
黄油·····························50g
砂糖·····························65g
中号鸡蛋················1个（约50g）
鲜奶油[※]···················50mL
低筋面粉·························125g
泡打粉······························3g

提前准备

·把蛋糕纸杯放入模具中。
·黄油置于室温下软化。
·将烤箱预热至180℃。

※ 这里使用的是"明治北海道十胜FRESH100"鲜奶油。

1

准备香蕉

剥去香蕉皮，其中的1根用叉子的背面压碎，剩下2根切成5mm厚的圆片。

2

混合黄油和砂糖

把黄油放入碗中，搅拌成奶油状，将砂糖分3次放入碗中，用打蛋器搅拌至黄油发白。

3

搅拌鸡蛋

打入鸡蛋，将材料搅拌至顺滑。

4	5	6	7	8
搅拌鲜奶油	加入面粉和香蕉	倒入模具	将杯子倒满	烘烤

将鲜奶油加入3中，搅拌均匀。

将低筋面粉和泡打粉混合后，筛入碗中。再放入压碎的香蕉，从底部向上翻拌，直至看不到粉末颗粒。

先在每个模具中倒入半杯面糊，再分别放上6～7片香蕉。

再次倒入面糊，直至把每个杯子都倒满，在面糊表面插入剩下的香蕉片。

把步骤7放入180℃的烤箱的中层，烘烤20分钟。在蛋糕中插入竹扦，若拿出时没有粘上面糊，就说明烘烤完成。从烤箱里拿出模具，取出纸杯，放在冷却架上冷却。

* 巧克力玛芬蛋糕的制作方法

制作方法和上面的"香蕉玛芬蛋糕"一样，只是把步骤4中加入的鲜奶油增加至80mL，在步骤5中筛入100g低筋面粉、25g巧克力粉、5g泡打粉，再用30g敲碎的巧克力替代香蕉放入面糊中（a）。放入模具时和步骤6、7一样，不过是用20g敲碎的巧克力替代香蕉放入其中。

a

Scone

司康饼

把面团整理成 5cm 厚的面饼，烤好后，
司康饼的中间松软温润，外层酥脆可口，
味道颇似蛋糕。这和用传统做法制作的
司康饼味道有所不同，很有自己的风格。
您一定要尝一尝这种新鲜出炉的无与伦
比的美味。

Plain Scone

原味司康饼

想要烤出口感温润、质地柔软的司康饼，关键是把
面糊整理成厚 5cm 的面饼，再在烘烤前把面饼放入
冰箱中冷藏 1 小时以上。这样烤出的司康饼软硬适中，
香醇美味。

Chocolate Almond Scone

巧克力巴旦木司康饼

用擀面杖等工具将巧克力和巴旦木大致压碎，味道就会变得更加浓郁。烤好后单独食用，醇香的味道就足以满足您的味蕾，若再配上凝脂奶油，则又会呈现出不一样的美味，让人满足。

1

加入粉类材料

2

充分搅拌

3

打发鲜奶油

材料（8个份）

砂糖·································· 45g

盐···································· 1g

低筋面粉····························· 200g

泡打粉······························· 6g

鲜奶油 ※ ·························150mL

牛奶································· 50g

提前准备

·在烤盘上垫上烘焙用纸。

·将烤箱预热至180℃。

※ 这里用的是"明治北海道十胜 FRESH100"鲜奶油。

把砂糖和盐放入碗中，筛入混合好的低筋面粉和泡打粉。

用手充分搅拌，将粉类材料混合均匀。

把鲜奶油倒入另一个碗中，用打蛋器打发至七分。

4	5	6	7	8
混合牛奶	混入鲜奶油	混合至看不到 粉末颗粒	塑形	烘烤

把牛奶倒入步骤 2 的碗中，搅拌至面粉呈细颗粒状。

一次性将步骤 3 打发好的鲜奶油加入步骤 4 中，用硅胶刮刀从碗底向上翻拌。

翻拌至奶油和面粉混合均匀，看不到粉末颗粒为止。

把面团分成八等份，再整理成中间隆起、高约 5cm 的半球形面饼。放入冰箱内冷藏 1 小时。

把面饼放在烤盘上，相互间要留出一定的空隙，放入预热至 180℃的烤箱的中层，烘烤 25 分钟。从烤箱中取出后，放置在冷却架上冷却。

* 巧克力巴旦木司康饼的制作方法

制作方法和上面的"原味司康饼"一样，但是在步骤 4 倒入牛奶混合好后，要加入 20g 敲碎的巧克力、30g 敲碎的巴旦木果仁（烘烤过）和打发的鲜奶油（a），从底部向上翻拌至看不到粉末颗粒。然后把面团整理成同样的形状烘烤即可。

a

Part 6

Cream Puff

奶油泡芙

迫不及待地打开烤箱门，却眼看着泡芙回缩……是不是经常目睹这样的失败？制作泡芙的关键是把水分全部烤干。此外，判断面糊的软硬程度也非常重要。

Normal Cream Puff

基础款奶油泡芙

在制作泡芙外壳的面糊中加入鲜奶油，鲜奶油中的脂肪经过充分烘烤后会使外壳变得酥脆，挤入含有水分的奶油也不会变形，适合外带或送给亲友。还可以在泡芙里放入您喜欢的食物，如草莓等莓果、香蕉等。

Kurogoma Cream Puff

黑芝麻奶油泡芙

可以使用市售的芝麻酱，制作起来非常方便。虽然芝麻酱
中的固体成分会影响面团膨胀，烤出来的泡芙体积较小，
但黑芝麻香气袭人，让人无法抗拒。搭配芝麻奶油一起食用，
风味会更加浓郁。

Normal Cream Puff

基础款奶油泡芙的制作方法

材料（10个份）

水·······························60mL
黄油·····························36g
低筋面粉·························40g
鲜奶油※·························30mL
鸡蛋·······················70～80g
奶油内馅
| 鲜奶油※·····················170mL
| 砂糖·························3大勺
糖粉·····························适量

提前准备

· 在烤盘上垫上烘焙用纸。
· 将烤箱预热至200℃。

※ 这里用的是"明治北海道十胜FRESH100"鲜奶油。

1

在化开的黄油中加入面粉

在小锅中放入水和黄油，用偏强的中火加热，待黄油完全化开后，改为中火，一次性倒入所有的低筋面粉，用木铲不断地搅拌。

2

搅拌至出现薄膜

将材料混合成一团，搅拌至不粘锅的内壁和锅底出现一层白色的薄膜即可。

3

混入蛋液

把锅从火上移开，放在轻轻拧过的湿毛巾上，倒入鲜奶油搅拌均匀。随后立即倒入少量蛋液，用木铲充分搅拌。

4
再次加入少量蛋液

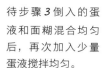

待步骤 3 倒入的蛋液和面糊混合均匀后，再次加入少量蛋液搅拌均匀。

5
搅拌至垂下的面糊呈倒三角状

将面糊搅拌顺滑后，用木铲铲起一些，如果面糊可呈倒三角状下垂，就说明面糊的软硬度正好。此时即使蛋液有剩余，也不要再向面糊里加了。

6
挤出面糊

把面糊倒入装有口径为 1cm 的星形裱花嘴的裱花袋中，在烤盘上挤出 10 个面团。不要把面糊挤成旋涡状，否则空气混入其中，面糊会无法顺利膨胀。用勺子的背部蘸取少量水，将面团中心的隆起轻轻压下去。用喷瓶给面团表面喷水，一共喷 20 ～ 30 次。

7
烘烤

把烤盘放入预热至 200 ℃ 的烤箱的中层，烘烤 20 分钟。待泡芙表面上色后，将温度下调至 160℃，烘烤 15 分钟，烤干泡芙中的水分。烘烤时不要打开烤箱门，否则会使泡芙回缩。从烤箱中取出泡芙，放在冷却架上冷却。

8
挤入奶油

在鲜奶油中加入砂糖，打发至八分。把泡芙沿中间横向切成两半，装入奶油，可以用裱花袋挤入，也可以用勺子填入。用网筛筛上糖粉作装饰。

* 黑芝麻奶油泡芙的制作方法

制作方法和上面的 "基础款奶油泡芙" 一样，但在步骤 1 中，除了要在锅里放入水和黄油，还要加入 15g 黑芝麻酱（**a**）。挤入泡芙的奶油内馅是将 170mL 鲜奶油、3 大勺砂糖和 15g 黑芝麻酱混合在一起，再打发至八分制作而成，最后用裱花袋或勺子装入泡芙内。

a

Chou Board Cake

方形泡芙蛋糕

把制作泡芙外壳的面糊涂抹成薄薄的一层，烤成薄饼状，做出来的蛋糕仿佛拿破仑酥一般精致。再夹上清爽的酸奶奶油，尽情享用吧。

材料（25cm×10cm 的蛋糕 1 个份）

水······························ 60mL
黄油····························· 36g
低筋面粉·························· 40g
鸡蛋························· 70～80g
酸奶奶油
  原味酸奶 ················· 225g
  鲜奶油 ···················170mL
  砂糖 ·····················4 大勺
糖粉、可可粉··················· 各适量

提前准备

· 在滤网中垫入厨房用纸，倒入酸奶，
　过滤掉部分水分，使酸奶的分量减
　至 110g。
· 在烤盘中垫上烘焙用纸。
· 将烤箱预热至 180℃。

制作方法

【制作面糊】

1　在小锅中放入水和黄油，用偏强的中火加热，待黄油完全化开后，改为中火，一次性倒入所有的低筋面粉，用木铲不断地搅拌。

2　将材料混合成一团，搅拌至不粘锅的内壁和锅底出现白色的薄膜即可。把锅从火上移开后立即倒入少量蛋液，用木铲充分搅拌。

3　将步骤 2 倒入的蛋液和面糊混合均匀后，再次加入少量蛋液搅拌均匀。将面糊搅拌顺滑后，用木铲铲起一些，如果面糊可呈倒三角状下垂，就说明面糊的软硬度正好。此时即使蛋液有剩余，也不要再向面糊里加了。

【做造型和烘烤】

4　把面糊倒在烤盘上，用硅胶刮刀涂抹成约 25cm×30cm 的长方形（*a*），放入预热至 180℃的烤箱的中层，烘烤 15 分钟。烤好后放在冷却架上冷却（*b*）。

5　把泡芙面皮的长边水平放置，垂直于长边将面皮切成 3 等份。

【装饰】

6　把鲜奶油倒入碗中，打发至八分。倒入过滤好的酸奶和砂糖，搅拌均匀。

7　把步骤 *5* 中切好的泡芙面皮重叠放置，在每个夹层中都涂抹上步骤 *6* 的酸奶奶油。用网筛在蛋糕的表面筛上糖粉和可可粉。

a

b

Part 7
Hot Cake
松饼

这里有人人都熟悉的经典款原味松饼，

还有令人惊奇的厚烧松饼，

甚至还有形状特别的德式松饼，

加入鲜奶油，会给味蕾带来新的体验。

只要按照顺序一步一步来，就能做出理想中的味道。

Plain Hot Cake

原味松饼

在制作松饼时加入鲜奶油，那种与众不同的轻柔与软糯，即便是
常做点心的行家，可能也没有品尝过。

材料（6 片份）

鲜奶油※··················	25mL
蛋黄（大号鸡蛋）··········	1 个
砂糖·····················	10g
牛奶·····················	50g
低筋面粉·················	75g
泡打粉···················	2.5g
蛋白霜	
蛋白（大号鸡蛋）··········	1 个
砂糖···················	14g

※ 这里用的是"明治北海道十胜 FRESH100"鲜奶油。

* 在开始煎松饼前，把加热过的平底锅离火放到湿毛巾上稍稍冷却，放入松饼面糊后再放到火上。

* 煎好后，在松饼上放上新鲜蓝莓、蓝莓干、香蕉和打发的鲜奶油，撒上糖粉，淋上枫糖浆后即可享用。

1
打发鲜奶油

把鲜奶油倒入碗中，用打蛋器打发至七分。

2
制作松饼面糊

在另一个碗中倒入蛋黄和砂糖，充分搅拌，倒入牛奶后继续搅拌。再放入步骤 1 的打发奶油，用硅胶刮刀切拌。

3
倒入面粉

将低筋面粉和泡打粉一同筛入碗中，搅拌至残留有少量小颗粒面团即可。

4
加入蛋白霜

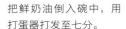

将蛋白霜（参照 p29 的步骤 6～8）分 3 次加入碗中，每次加入后都要搅拌，搅拌至残留少量泡沫即可。

5
开始煎

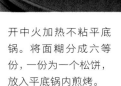

开中火加热不粘平底锅。将面糊分成六等份，一份为一个松饼，放入平底锅内煎烤。

6

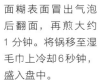

面糊表面冒出气泡后翻面，再煎大约 1 分钟。将锅移至湿毛巾上冷却 6 秒钟，盛入盘中。

Thick Hot Cake

厚烧松饼

伫立在盘子上的厚厚的松饼十分诱人。只需要纸质模具和平底锅就可以轻松做出来。用小火慢慢地煎，同时注意观察松饼的状态。

材料（直径 9cm × 高 5cm 的松饼 2 个份）

鲜奶油	40mL
蛋黄（大号鸡蛋）	1 个
砂糖	20g
牛奶	30g
原味酸奶	20g
低筋面粉	75g
泡打粉	5g
蛋白霜	
┃ 蛋白（大号鸡蛋）	1 个
┃ 砂糖	10g
黄油	适量

提前准备

· 参照右下方说明制作 3 个纸质模具备用。

制作方法

1　和 p78 "原味松饼" 的步骤 *1* ～ *4* 的做法相同。只是在步骤 *2* 加入牛奶时，还要加入酸奶。

2　用中火加热不粘平底锅，离火将锅移至湿毛巾上放置 1 秒钟，放入两个模具，将面糊倒至模具六成满的位置。

3　用竹扦将面糊搅拌均匀（*a*），盖上盖子，用小火煎 30 分钟。煎烤时，如果感觉要煳了，就把平底锅移至湿毛巾上降温。

4　待松饼的表面变干插入竹扦，若拿出时没有粘上面糊，就给松饼翻面，再用小火煎 10 分钟。轻轻地从模具中取出松饼，放在盘子上，趁热放上一小块黄油。

a

* 如果面糊有剩余，可以倒入准备好的模具中一起煎烤。

* 煎松饼时，可以在平底锅的锅边滴几滴面糊，为松饼的煎烤状态提供参考。

* 厚烧松饼纸质模具的制作方法

在煎松饼时，为了使松饼保持一定的高度，可以提前用纸做好模具。先将一张 A4 复印纸长的一边水平放置，把纸对折两次，再把其中一端从侧面扩展成圆形，把另外一端插入其中（*b*），使纸带变成一个圆环。将圆环的直径调整为 9cm，再在内侧放一层比圆环高 1cm 的烘焙用纸。

b

German Pancake

德式松饼

这款松饼烤好后，形状就像一个盘子，造型非常独特。为了烤出这种形状，必须使
用侧面倾斜向上的器皿。在烘烤的过程中，面糊自然会沿侧面向上膨胀。

材料（直径 23cm 的铝制盘子 1 个份）

大号鸡蛋············2 个（105 ～ 120g）
盐 ································· 1g
牛奶······························ 40g
鲜奶油···························· 40mL
低筋面粉·························· 60g
柠檬皮···························· 1/2 个份
黄油······························ 6g
装饰
　柠檬汁 ······················ 1/4 个份
　鲜奶油 ·····················100mL
　砂糖 ························· 1 大勺
　糖粉 ························· 适量

提前准备

·把柠檬皮擦成碎屑。
·将烤箱预热至 250℃，同时，把铝制
　盘子放入烤箱内加热备用。

制作方法

【制作面糊】

1　把鸡蛋打入碗内，打散后，加入盐搅拌。

2　筛入低筋面粉，用打蛋器仔细搅拌至没有结块。放入擦成碎屑的柠檬皮搅拌。

【倒入盘子中烘烤】

3　把黄油放入加热过的铝制盘子中。待黄油化开后，把整个盘子内侧涂满黄油，再倒入
　　面糊（a）。放入预热至 250℃的烤箱的下层，烘烤 15 分钟。中途绝对不能打开烤箱。

4　烤至面糊膨胀，整体变成金黄色时，即可结束烘烤。

【装饰】

5　趁热浇上柠檬汁并撒上糖粉。在鲜奶油中放入砂糖，打发至七分，搭配松饼一起食用。
　　淋上枫糖浆也很美味。

* 还可以在松饼中放入生菜、煮鸡蛋和火腿，淋上调味料，做成沙拉风味。

* 铝制盘子可以在百元店等地方买到。请选用侧面倾斜向上的款式。

a

制作甜点的常见问题

Q & A

制作甜点和做菜不一样，甜点对准确度的要求更高，很容易因为细节失败。在开始制作之前，请先阅读这一部分。

Q 1 为什么要把面粉过筛？

A 为了去掉面粉结块，同时使面粉中混入空气。

用网筛给面粉过筛，是为了筛掉结成块的面粉。如果结块的面粉留在面糊中，烤出来的蛋糕里就会有硬块，口感会变差，而且容易烤煳，从而对点心的外表和味道产生很大的影响。此外，过筛可以使面粉中混入空气，这样在与液体混合时不容易结块，点心的口感会更加松软。

Q 2 如何把鲜奶油打发好？

A 把鲜奶油冷藏保存，快要使用时再拿出来打发。

鲜奶油在不使用时要一直放在冰箱中冷藏保存，这一点很重要。打发时，用打蛋器把空气打入奶油中，奶油就会变得柔软而富有光泽。把碗的底部放在冰水中，打发出来的泡沫会更加细腻绵密。打发至不同程度的奶油有不同的用法。"打发至六分"指的是，提起打蛋器时，奶油会呈带状不断地向下流，在碗中留下波纹状的痕迹(*a*)。这样的奶油适合用于制作慕斯和巴伐露斯。"打发至七分"指的是，提起打蛋器时，落下的奶油会堆积在面糊表面(不留下尖角)(*b*)。这样的奶油适合抹在蛋糕表面或是拌入面糊中。"打发至八分"指的是，提起打蛋器时，奶油不会向下流，而是在碗中留下一个立起的尖角(*c*)。这样的奶油适合用于给蛋糕裱花。如果甜点做好后，鲜奶油还有剩余，不管有没有打发，都可以冷冻起来，在使用前拿出来自然解冻即可。剩下的没有打发的奶油还可以用来做菜。

Q3 　为什么用不干净的碗打发不了蛋白霜？

A　如果碗上粘有油脂，蛋白就很难被打发。

提起打蛋器会在碗中留下立起的尖角，将蛋白打发到这个程度就是蛋白霜。但有时无论怎么搅拌都打发不起来，这是因为碗上残留了油脂，即使少量的油脂也会影响蛋白的打发。有的碗只是看起来很干净，其实上面有少量的油脂，因此无法打发成功。蛋黄中也含有油脂，因此在分离蛋黄和蛋白时，一定不要把蛋黄戳破。此外，在开始打发蛋白之前就加入大量砂糖，也会导致打发失败，所以要在将蛋白打发到一定程度后，再加入砂糖。

Q4 　为什么要朝一个方向搅拌面糊呢？

A　为了让烤出来的蛋糕更加细腻松软。

在把面粉或蛋白霜与其他材料混合时，搅拌不能一会儿顺时针，一会儿逆时针，这是制作点心时不可违背的原则。如果混合的是面粉，随意搅拌会容易产生面筋，使烤出来的蛋糕质地变硬。如果混合的是蛋白霜，随意搅拌会把好不容易打发出来的气泡弄破，从而无法烤出松软的蛋糕。我们在搅拌时，一定要一边旋转碗，一边用硅胶刮刀等工具从碗底向上朝一个方向翻拌，这样烤出的蛋糕才会质地细腻，松软可口。

Q5 　为什么需要将烤箱预热？

A　为了烤出质地均匀、外表美观的蛋糕。

把充满气泡的面糊快速放入充分预热的烤箱中烘烤，这样一鼓作气才能烤出膨胀到位、松软轻盈、成色漂亮的甜点。但是如果没有提前预热或者预热不充分，烤箱就需要先加热一段时间才能达到理想的温度，这时好不容易打发出来的气泡已经萎缩，而且容易把蛋糕的局部烤焦，即使只有表面一层被烤焦，里面没有问题，还是无法让人产生食欲。因此一定要充分预热，努力烤出表面金黄、内部松软的蛋糕。

Q6 　如果烤箱只有两层，应该放在哪一层烘烤呢？

A　如果只有两层，请放在下层烘烤。

本书中使用的烤箱共有三层，一般是用中层或下层烘烤。如果是两层的烤箱，我推荐您使用下层。这是因为上层的火力较强，蛋糕表面容易被烤煳，从而使蛋糕无法完全膨胀。因此，为了烤出松软美味的蛋糕，还是选用下层吧。还需要注意的是，烤箱内部的火力可能分布不均匀，所以在烘烤过程中，要注意观察蛋糕的膨胀状态和成色，适当调整蛋糕的位置，避免某一侧被过度烘烤。调整时动作要快，避免打开烤箱门的时间过长，使烤箱内的温度下降。

关于原料

本书中用到的各种原料都能在普通的超市买到。希望能为您的选购和使用提供参考。

低筋面粉

用一般的低筋面粉就可以。我用的是用途广泛的类型，可以用来制作甜点、料理等。请把面粉密封保存，避免其吸收水分或气味。

油

制作甜点时，请尽量选用没有特殊气味的油。可以选用普通的色拉油或太白芝麻油。

鸡蛋

鸡蛋的体积大小不同，一般中号鸡蛋的重量为 58～63g、大号鸡蛋的重量为 64～70g。不管是哪一种型号，蛋黄的重量均约为 20g。

砂糖

细砂糖的颗粒较小，便于搅拌，甜味清爽。上白糖会给甜点带来醇厚的甜味，烤出的甜点也拥有漂亮的成色。

奶油

推荐使用脂肪含量为 40% 的奶油。奶油不仅能给甜点增加浓浓的奶香，而且打发起来也非常简单，不需要任何技巧，打发后放置一段时间也能保持蓬松的状态。本书中使用的是"明治北海道十胜 FRESH100"鲜奶油（200mL 装），包装带有盖子，使用起来非常卫生，且不会造成浪费。

牛奶

制作甜点的牛奶的最佳选择是自己喝过、觉得好喝的牛奶。本书中使用的是"明治美味牛奶"。请不要使用配方牛奶或低脂牛奶。

黄油

我平时使用的是含盐黄油。"明治北海道黄油"口味纯正，回味清爽，我个人很喜欢。当然也可以使用不含盐的黄油。

巧克力

不需要买专门用来制作甜点的高级巧克力。推荐使用"明治牛奶巧克力"，可可的芳醇配上牛奶的味道，用来做甘纳许蛋糕也很合适。

酸奶

酸奶能给甜点带来清爽的风味和温润的口感。本书中使用的是"明治保加利亚 LB81 原味酸奶"。

关于工具

选择不同形状和大小的模具，制作出来的甜点也会有所差异。请选择适宜的类型。

碗（大、小）

在混合材料或打发蛋白时，使用的是直径23cm的碗。在搅拌时，使用高一些的碗会更方便。小号的碗最好使用直径15cm左右的。

硅胶刮刀

推荐使用柔软的硅胶材质的刮刀。柔软的刀片与碗的曲面贴合，可以毫不费力地搅拌面糊或奶油，把面糊从碗里倒出来时，也可以把粘在碗壁的部分刮干净，丝毫不浪费。

打蛋器

本书中使用的打蛋器是不锈钢材质的，长约28～30cm，弯曲的铁丝线较多。推荐初学者使用握柄是硅胶材质的打蛋器，这样搅拌时可以握得更紧，不容易滑落，使用起来非常便利。

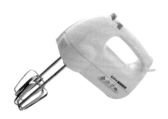

电动打蛋器

在制作蛋白霜等需要充分搅拌的情况下使用。搅拌片较粗、片数多，打发的效果会更好。电动打蛋器的型号不同，搅拌的效果也会不同，使用前请先了解它的特性。

网筛

在筛面粉时使用。本书没有使用专门筛粉的工具，使用带把手、滤孔较细的网筛就可以了。最好选用可以卡在碗上，而且下面没有放置台的带挂钩的款式。

厨房电子秤

制作甜点最重要的是精确地称重，请使用能够精确到1g的电子秤。这种电子秤能够自动减去包装的重量，可以一边添加材料，一边称重，非常方便。

圆形模具

本书在制作海绵蛋糕、白色奶酪蛋糕、芝麻黄油奶油磅蛋糕时，使用的是直径18cm的圆形模具。使用带有不粘涂层的模具脱模会更方便，请不要使用活底的款式。

戚风蛋糕模具

本书使用的是直径17cm的戚风蛋糕模具。铝制模具的导热性能很好，可使蛋糕受热均匀。中央烟囱状的部分没有焊接痕迹的模具能让烤出来的蛋糕更加美观。也可以使用纸质的戚风蛋糕模具。

磅蛋糕模具

本书使用的是16cm×7cm×6cm的模具。使用带有不粘涂层的模具脱模会更方便，使用铝制模具也很好。使用前记得垫上烘焙用纸。

天使蛋糕模具

本书使用的是直径20cm的铝制模具，和甜甜圈一样的形状非常可爱。不仅可以用来烤蛋糕，还可用来制作果冻、法式牛奶冻等甜品，用途多样，使用方便。

方形模具

书中在制作牛奶海绵蛋糕时，使用的是21cm×21cm的方形模具。大家可能觉得一般用不到方形的模具，但其实它也可以用来制作布朗尼蛋糕，改变甜点的外观，也能为烘焙增添更多的乐趣。

挞模

本书在制作热烤奶酪蛋糕时，使用的是直径23cm的挞模。需要把挞皮填入模具中，因此选用了专门的菊花型挞模。推荐使用活底的款式，脱模时会更加快捷。

玛芬蛋糕模具

本书使用的是直径7cm的8连铝制模具，也有6连的款式。在模具中垫入大小相同的耐高温纸杯后再使用，这样就算是初学者也不容易失败，一定要试一试！

图书在版编目（CIP）数据

蓬松柔软的奶油蛋糕 / (日) 浜内千波著；涂瑾瑜
译. —— 海口：南海出版公司, 2018.8
ISBN 978-7-5442-9357-0

Ⅰ.①蓬… Ⅱ.①浜… ②涂… Ⅲ.①蛋糕 – 糕点加
工 Ⅳ.①TS213.23

中国版本图书馆CIP数据核字(2018)第127356号

著作权合同登记号　图字：30-2018-065
TITLE：[生クリームだからおいしい!ふんわり、しっとりケーキ]
BY：[浜内　千波]

PENGSONG ROURUAN DE NAIYOU DANGAO
蓬松柔软的奶油蛋糕

策划制作：北京书锦缘咨询有限公司（www.booklink.com.cn）
总　策　划：陈　庆
策　　　划：余　璟
作　　　者：〔日〕浜内千波
译　　　者：涂瑾瑜
责任编辑：雷珊珊
排版设计：王　青
出版发行：南海出版公司　电话：（0898）66568511（出版）　（0898）65350227（发行）
社　　　址：海南省海口市海秀中路51号星华大厦五楼　邮编：570206
电子信箱：nhpublishing@163.com
经　　　销：新华书店
印　　　刷：北京和谐彩色印刷有限公司
开　　　本：889毫米×1194毫米　1/16
印　　　张：5.5
字　　　数：157千
版　　　次：2018年8月第1版　2018年8月第1次印刷
书　　　号：ISBN 978-7-5442-9357-0
定　　　价：46.00元